遇上"神逻辑",你不理亏,为何词穷?

神逻辑

不讲道理的人怎么总有理！

〔美〕阿里·阿莫萨维 著
〔哥伦比亚〕亚历杭德罗·希拉尔多 绘
黄宁云 译

北京联合出版公司
Beijing United Publishing Co., Ltd.

新经典文化股份有限公司
www.readinglife.com
出 品

献给丹娜

感谢你的一切

目 录

这本书是写给谁看的	1
前言	3
诉诸结果	8
稻草人谬误	10
诉诸无关权威	12
词义模糊	14
虚假两难	16
乱赋因果	18
诉诸恐惧	20
轻率归纳	22
诉诸无知	24
没有真正的苏格兰人	26

起源谬误	28
罪恶关联	30
肯定后件	32
诉诸虚伪	34
滑坡谬误	36
诉诸潮流	38
人身攻击	40
循环论证	42
合成谬误与分解谬误	44
后记	47
定义	49
参考书目	53

首要原则是,一定不要愚弄自己,
而最容易被愚弄的对象恰恰就是自己。

——理查德·费曼①

---

① 美国物理学家,1965年获诺贝尔物理学奖。(本书中除特殊说明外,均为译注。)

这本书是写给谁看的

　　本书的目标读者是逻辑论证领域的新手,特别是那些——借用帕斯卡的话来说——靠图像能最好地理解事物的人。我选择了十九个日常论证中最常见的错误,并用一些生动、好记的插图来表现它们,辅以丰富的例证。我希望读者能从中学到一些最常见的逻辑漏洞,并在实践中识别、避免它们。

"人家借鉴你的作品，是对你的认可！"

"你知道他有多努力吗？"

"读书有什么用，出来还不是得给小学没毕业的老板打工？"

"这是老祖宗留下的规矩，肯定有道理。"

"你说自己爱护小动物，那你为什么还吃肉？"

"不给孩子报课外班，孩子就会输在起跑线上，以后只能被社会淘汰！"

说得理直气壮，其实都是"神逻辑"！

前　言

有关逻辑和逻辑谬误的著作广泛而详尽。其中一些旨在帮助读者利用工具和范例来锻炼良好的论证能力，从而在公共与私人空间进行更有建设性的讨论。但阅读反例同样是一种有效的学习经验。史蒂芬·金在《写作这回事》中说："阅读坏文章最能令人清楚地学会写作的避忌。"他形容，阅读某本特别糟糕的小说无异于经历了"一场文学上的天花预防接种"。有人曾引述数学家乔治·波利亚在一场数学教学演讲中的话：除了正确理解，人们还必须知道如何错误理解。而本书论述的重点便是：那些不讲道理的人在论证中都犯了哪些错误。

本书的新颖之处还在于，它采用了生动的插图来描绘论证中一些时常为害我们当下讨论的常见错误。这些插图在某种程度上受到了奥威尔《动物农场》之类的寓言故事以及刘易斯·卡罗尔[①]的小说、诗歌等幽默荒诞作品的启发。但与这些作品不同，本书并没有将各幅插图连在一起的情节；它们各是独立的场景，唯一的联系是风格和主题，以提供更好的适用性和重复使用性。每项谬误都只有一页解释，

---

① 英国作家、数学家、逻辑学家，代表作有《爱丽丝漫游仙境》《爱丽丝镜中奇遇记》等。

我希望这会使它们更容易被记住和领会。

多年以前,我花过一些时间用一阶逻辑①编写软件说明书。这是种迷人的表达方式,不采用通常的记号——语言,而是采用数理符号进行表述。在可能含糊之处它表述得很精确,在原先敷衍之处它表述得很严密。

同一时期,我研读了好几本有关命题逻辑的书(包括现代和中世纪的作品),其中之一是罗伯特·古拉的《逻辑谬误手册》。这本书让我想起了十年前我曾草草记在笔记本上的一系列有关论证的准则,包括"不要对事物下概括性断言"之类的条目。现在看来,这不过是显而易见的道理,但对当年还是学生的我来说,却是一项激动人心的领悟。

我很快就认识到,将一个人的论证能力规范化大有益处,思想和表达会更清晰,人也会变得更客观、更自信。此外,分析他人论证的能力也十分重要,可以用于衡量何时应从很可能陷入徒劳的讨论中退出。

那些影响我们生活和所处社会的问题和事件,诸如公民权利和总统大选,经常会引发关于政策和信仰的争论。观察这方面的论述,能感觉到其中相当一部分

---

① 一种用数学方法研究逻辑的形式系统。

都缺乏良好的逻辑。

当然，逻辑并非辩论中使用的唯一工具，认识其他工具也很有用：首先恐怕是修辞学，接下来是"举证责任"和奥卡姆剃刀原理（当试图解释一种现象时，不应引入必要之外的假设，这也被称作"简约原则"）[1]之类的概念。感兴趣的读者可以参考有关这些主题的广泛文献。

最后，逻辑准则既非自然界的法则，也不构成所有的人类推理。正如马文·明斯基[2]所指出的：一般的常识性推理或类推法都很难用逻辑术语来解释。他补充道："逻辑无法解释我们如何思考，正如语法无法解释我们如何说话。"逻辑论证不会催生新的真理，但它能让人们评估现有的思想链是否顺畅、是否连贯。正是这个原因使它成为一个分析、交流理念与观点的有效工具。

——阿里·阿莫萨维，于旧金山

2013 年 10 月

---

[1] 该原理通常也被简述为："如无必要，勿增实体。"
[2] 美国认知科学家，被誉为"人工智能之父"。

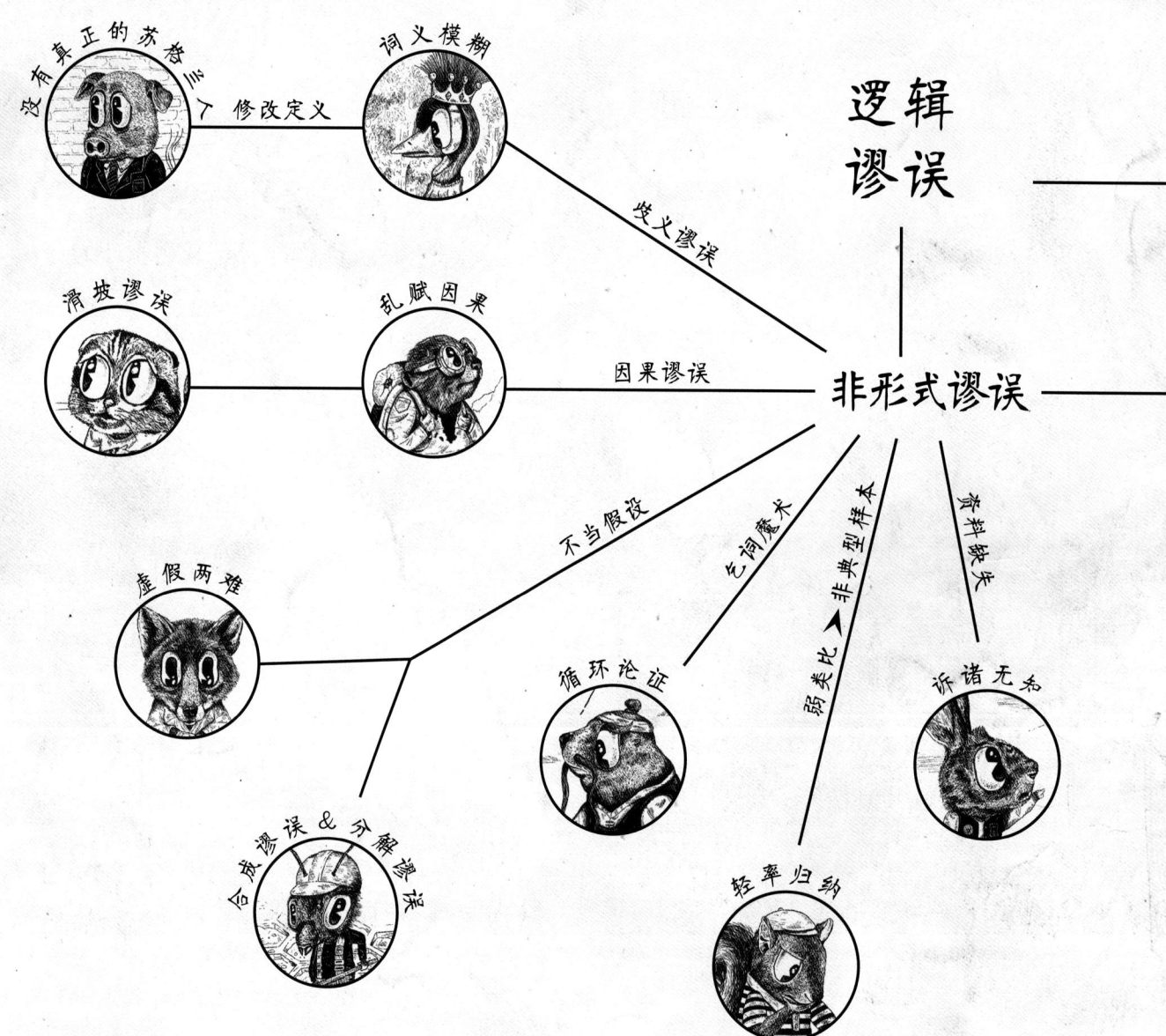

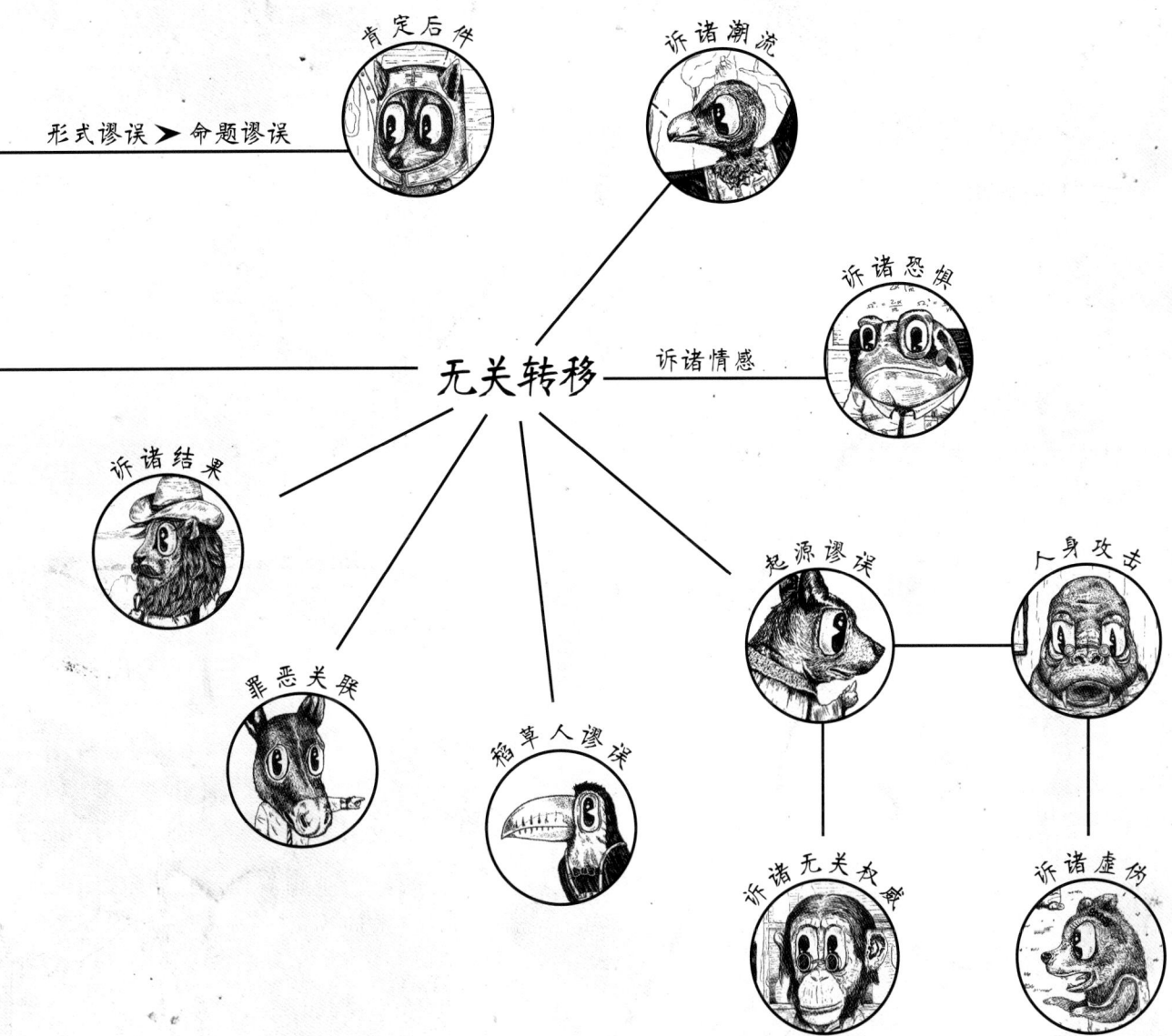

诉诸结果

诉诸结果，即依据某观点若成立（或不成立）所产生的结果好坏，来判断一个观点是否正确。但一个命题导致不利的后果，并不意味着该命题是假的。同样，只因为一个命题会带来好的结果，并不能突然让它变成真的。正如历史学教授、作家大卫·哈克特·费希尔所说："与效果相关的特性不能转移给产生效果的原因。"

若观点带来好的结果，论证者会诉诸听者的希望，即使该希望有可能只是痴心妄想。相反，若观点带来坏的后果，论证者则会利用听者的恐惧。例如，借用陀思妥耶夫斯基书中的话："上帝若不存在，人们便能为所欲为。"撇开有关客观道德的讨论，即使一个纯物质的世界的确会带来显而易见的可怕后果，这也不能用来证明上帝的存在。

但我们应该记住，只有当这种论证方式被用来衡量命题的真假时，它才是错误的。若用于处理决策或政策，则并非如此。例如，由于担心对选民生活产生不利影响，政治家可能会反对加税，而这是合乎逻辑的。

本书将提到论证中的多种"无关转移"（Red Herring），本项谬误便是其中之一，因为它巧妙地使论证偏离了最初的命题——在这里，是偏离到"命题的结果"。

可如果减少奶牛,我去哪儿就都不方便了,
那也太郁闷了。因此,奶牛排放物并不会毁灭我们的星球。

稻草人谬误

"树立稻草人",是指有意地滑稽模仿他人论点,以达到攻击模仿出来的论点而非实际论点的目的。歪曲、错误引用、曲解或将对方立场过分简单化都是犯了这种谬误。稻草人论点通常比实际论点荒唐,因此是更容易被攻击的目标。这也可能诱使对手偏离最初的论点,为这个更加荒唐的论点辩护。

例如,对达尔文主义持怀疑态度的人可能会说:"我的对手试图说服你们,我们是从那些在树上摇来荡去的黑猩猩变过来的,这真是太可笑了。"这是对进化生物学的一种歪曲。实际上进化论陈述的是:人类和黑猩猩在数百万年前拥有共同的祖先。歪曲观点比驳斥证据要容易得多。

一只健壮、充满活力、色彩斑斓的大嘴鸟完全被一位画家画走样了。稍后,他把他的画展示给观众:
"看,这只鸟多么呆滞、多么死气沉沉!"

诉诸无关权威

诉诸权威，便是诉诸一个人的谦逊，也就是说，诉诸"其他人知识更加渊博"的感觉，这种感觉可能经常是对的，但当然，并不总是如此。一个人可以理性地诉诸相关领域的权威，科学家和学者通常都会这么做。正如 C. S. 刘易斯[①] 所说，绝大多数我们相信的事，诸如原子和太阳系，都是基于可靠权威的，历史陈述也是如此。但如果诉诸无关权威，诸如非这一问题领域的专家，其观点错误的可能性则更大。[②]

"诉诸无关权威"中的一个类型是"诉诸古代智慧"，即仅仅因为一个信念的起源古老就认为它是正确的。例如用这样的理由为风水辩护："风水盛行于古中国，集合了古代中国人的智慧。"此类论证通常忽略了某些观念仅仅是一种偏好，且会随着时间的推移而自然变化。例如："现代人根本就没有睡足觉。仅仅几个世纪之前，人们每晚还要睡上九小时。"有多种原因会使得过去的人们可能睡得更久，但他们曾经这样做，无法充分证明我们今天也应该这样做。

与之类似的一项谬误是"诉诸模糊权威"，即把某观点的来源归于一个面目模糊的群体。例如："外国专家表示……"

---

① 英国作家，代表作有《纳尼亚传奇》等。
② 值得注意的是，诉诸相关领域的权威并不能充分证明其观点的正确性（参看本书第 28 页的"起源谬误"），但我们可以说，在这种情况下，其观点更有可能是正确的。另一方面，无关权威的观点也绝非一定错误（参看第 40 页"人身攻击"）。

奇怪的是，作为当今世上最杰出的化学家，黑猩猩博士对爱情忠诚问题的看法经常被人引用。

词义模糊*

词义模糊利用了语言的歧义,在论证过程中通过改变词义来支持一个无事实根据的结论。(若一个词的含义在论证过程中始终维持不变,则被描述为"词义明确"。)参考如下论证:"你几乎在任何事上都甘冒风险(take leaps of faith):投资,交友,甚至订婚,怎么还能反对信仰(faith)?"这里,faith 一词的含义从"承担风险的意愿"变成了"对造物主的精神信仰"。

这种谬误通常出现在有关科学和宗教的讨论中,其中"为什么"这个词很可能被含糊地使用。在一种语境中,它被用以寻求原因,而这正是科学的主要驱动力;而在另一种语境中,它被用以寻求目的,涉及的是道德以及其他科学无法给出答案的领域。例如,有人声称:"科学无法告诉我们万物为什么如其所是。我们为什么存在?为什么要讲道德?因此,我们需要从其他途径来弄清楚事情为什么会发生。"

---

*右页插图灵感来自刘易斯·卡罗尔《爱丽丝镜中奇遇记》中爱丽丝和白皇后的一项交易。——作者原注

皇后告诉好奇的小鹤,她可以隔天吃一次果酱,但今天绝对不行,因为"今天"不是"隔天"。

虚假两难

虚假两难，指给出一个由两种范畴组成的有限集合，并假设讨论范围内的一切事物都必须属于该集合。* 因此，若反对其中一个范畴，便只好接受另外一个。例如："在狂热主义之战中，谁都不能置身事外。你若不站在我们这边，便在狂热分子那边。"事实上，存在第三种选择：中立；第四种选择：两者都反对；甚至第五种选择：对两者都抱有同情。

在保罗·狄拉克的传记《量子怪杰》中，作者详述了物理学家欧内斯特·卢瑟福给他的同事尼尔斯·玻尔讲的一个寓言：一个男人从宠物店买了一只鹦鹉，见它不说话，便几次三番把它带回店里。最后，店长终于说："哦，是这样！您想要一只会说话的鹦鹉。请原谅，我给您的是只会思考的。"卢瑟福显然是要用这个寓言来说明寡言的狄拉克是个天才，但可以想象，有人会利用这样的论证思路提出：一个人要么是沉默的思考者，要么是健谈的傻瓜。

---

* 这种谬误也被称作排中谬误、非黑即白谬误或错误二分法。——作者原注

店家:"您想品尝牛油果的哪个部分?"
顾客:"我想吃中间的。可那部分怎么不见了?"

乱赋因果

该项谬误在没有证据支持的情况下为一个事件假定一项原因。当事件 B 紧跟着事件 A 发生（或同时发生）时，这可能是巧合，也可能是由于某些未知因素同时影响了 A 和 B。一个人不能毫无根据地由此得出事件 A 导致事件 B 的结论。"最近发生地震是因为我们忤逆了国王"不是一个合理的推论。

这项谬误有两种具体类型："后此即因此"（post hoc ergo propter hoc）以及"伴此即因此"（cum hoc ergo propter hoc）。前者：只因为事件 A 在事件 B 之前发生，就被认为是事件 B 发生的原因。后者：只因为事件 A 和事件 B 同时发生，就被认为是事件 B 发生的原因。在很多学科中，这被称为混淆了相关性[①]和因果关系。*

引用喜剧演员斯图尔特·李的话："我总不能说，一九七六年我画了一张机器人图，然后《星球大战》就被拍出来了，那他们一定是抄袭了我的想法。"又例如，某项研究表明，一个国家的巧克力消费数量与该国获诺贝尔奖的人数高度相关**，遗憾的是，这并不代表我们只要多吃巧克力，就更有可能获诺贝尔奖。

[①] 原文为 correlation。包括由巧合导致的相关性。

* 我最近在网上论坛看到一个例子："铁路系统的网站被黑客黑了，之后我去查列车时刻表，你们猜怎么着？果然所有车次都误点了！"这个帖子没能意识到，火车可能因为各种各样的原因误点，假如不加任何科学控制，我们无法合理推断出其原因就是黑客入侵。——作者原注

** 详见 http://www.bbc.com/news/magazine-20356613。——作者原注

每当长夜将尽、破晓之前,河狸总是一路走到山顶,并呼唤太阳出现。太阳总是如约而至。

诉诸恐惧

这项谬误利用了听众的恐惧，设想接受某命题将指向一个可怕的未来，而不是提供实证以证明接受该命题将导致一个必然的结果（这可能是恐惧的正当理由）。这种论证依靠的是花言巧语、威胁，或者彻头彻尾的谎言。例如："请全体员工在即将到来的大选中都投票给我选定的候选人。假如另一名候选人当选，他一定会加税，而你们中的很多人都将失业。"

另一个例子取自小说《审判》："你应该在警察到达之前把所有的贵重物品都交给我。否则警察会把它们放进库房，那里可是有去无回。"虽然这个论证更像一个威胁（尽管是个巧妙的威胁），但还是做了一个推理的尝试。即使没有试着提供推理的公然威胁或命令也利用了人们的恐惧，仍不该把它们与这项谬误混淆。

当诉诸恐惧的论证者试图说明接受某命题将引发一系列恐怖事件，而它们之间并没有明确的因果联系时，会使我们联想到"滑坡谬误"。而当论证者为受攻击的命题提供了有且仅有一个可替代选择时，会使我们联想到"虚假两难"。

毛驴先生说服所有人相信，假如青蛙先生成为教务长，
很快，整所大学就会被青蛙们掌控。
于是青蛙先生落选了。

轻率归纳

当论证者从某样本得出结论,而该样本太小或是太特殊以至于缺乏代表性时,就犯了这项谬误。例如,在大街上问十个人对总统削减赤字计划的看法,绝不能将其看作整个国家的观点。

尽管轻率归纳很方便,却能导致代价极大的灾难性后果。比如,我们可以认为是一项工程假设导致了阿丽亚娜 5 型运载火箭首次发射时的爆炸:控制软件已在上一代模型——阿丽亚娜 4 型运载火箭——上进行了详尽测试,但不幸的是,这些测试未能覆盖阿丽亚娜 5 可能遇到的新情况,所以,假设数据可以沿用是错误的。这种决策通常仰赖工程师和管理者的论证能力,因此可以成为我们讨论逻辑谬误的一个例证。

《爱丽丝漫游仙境》中有另一个例子,爱丽丝推断:既然她掉进了水里,那么附近一定有火车站,救援也会随之而来。但首先,水不一定都是海水;其次,"爱丽丝此前只去过一次海边,却得出了普遍结论:无论你去英国的哪片海,都会在海滨发现许多更衣室,孩子们在沙滩上用木铲挖沙,还有一排出租小屋,屋后是一个火车站"。

"我见过的食物都是圆的,所有食物肯定都是圆的。"

"我见过的食物都是带棱角的……"

诉诸无知*

该项谬误仅仅因为没有证据证明某命题是假的，就认为它是真的。在这里，缺乏证据被当作了证据不存在。卡尔·萨根给出过一个例子："没有令人信服的证据表明UFO从未拜访过地球，因此，UFO是存在的。"类似地，在我们知道金字塔是如何建造的之前，有人认为，除非被证伪，否则它们一定是由某种超自然力量建造的。但实际上，"举证责任"应该由提出主张的人来承担。

就像很多人说过的，更符合逻辑的问题应该是：基于过去的观察，更倾向于得出什么结论？哪种情况更有可能：那个从空中飞过的物体是人造物或自然现象，还是来自另一个星球的外星人？我们经常观察到前者，却从未观察到过后者，所以更合理的结论是：UFO很可能并不是外星人。

诉诸无知的一个特殊形式是"诉诸个人怀疑"，某人不能想象某事，便认定某事是假的。例如："我想象不出真的有人登陆了月球，所以这件事一定从未发生过。"对这种谬误的回应有时可以是机智的反击："那就难怪你成不了一个物理学家。"

---

*右页插图的灵感来自天体物理学家尼尔·德格拉斯·泰森对一名观众关于UFO问题的回答，可到如下网址观看：bookofbadarguments.com/video/tyson。——作者原注

看！有一束奇异的光划过天际。我不知道那是什么，所以一定是外星人造访地球。

没有真正的苏格兰人

甲对一组事物下了一般性断言,之后,乙提出证据来质疑这个观点,但甲并不改变自己的立场,也不对证据进行辩驳,而是靠随意修改符合这一范畴的标准来回避质疑,这便是"没有真正的苏格兰人"谬误。*

例如,有人会说程序员是没有社交技能的生物。如果其他人否定这个论断:"约翰就是一个程序员,他可一点儿也没有社交障碍。"这可能会引起如下反应:"没错,可约翰并非一个真正的程序员。"在这里,程序员的属性是含混的,该范畴的定义不像"波长在450~495纳米之间的电磁波"那么明确。这种模糊性使得固执己见的人可以随意修改事物的定义。

该项谬误是由安东尼·弗鲁在《关于思维的思考》中提出的。在书中,他给出了如下例子:哈米什读报时偶然看到一个英格兰人犯下了十恶不赦的大罪,他的反应是:"没有苏格兰人会做出这种事。"第二天,他又读到一个苏格兰人犯下了更严重的罪行,但他并没有改变对苏格兰人的断言,而是说:"没有真正的苏格兰人会做出这种事。"

---

*明知这样做是有意歪曲,仍然恶意地重新定义一个范畴,这便让人想起"稻草人谬误"。——作者原注

起源谬误

若仅根据某观点的起源就贬低或维护它，便犯了这项谬误。事实上，观点的历史以及论证者的出身对观点的正确性没有任何影响。正如 T. 爱德华·戴默所指出的：若一个人对某观点的起源抱有情绪，在评估该观点的价值时便很难忽略这些情绪。

想想下面这个论证吧："他当然支持那些罢工的工会工人，说到底，他们都是同一个村子的人。"这里评估的不是他的观点本身是否合理；仅仅因为他碰巧和抗议者来自同一个村庄，我们便被引导做出"他的态度没有价值"的推断。另一个例子："作为生活在二十一世纪的男女，我们不能继续抱有那些青铜时代的信念。"人们不禁要问：为什么不能？我们必须抛弃所有起源于青铜时代的观念，仅仅因为它们来自那个时代吗？

相反地，一个人也可能在积极的意义上犯起源谬误，例如："杰克对艺术的看法不应被质疑，他家世代都是杰出的艺术家。"在这里，用来推断的证据和前例一样不足。

罪恶关联

通过指出某个被社会妖魔化的个人或群体也认同某观点,以诋毁该观点,这被称为"罪恶关联"。[①] 例如:"我的对手提倡一种与轴心国的医疗保健系统类似的系统。显然,这是不可接受的。"该医疗保健系统是否与轴心国的同类系统类似,与它是好是坏没有任何关系;这完全是不合理的论证。

另一个观点也在某些社会里被令人作呕地重复:"我们不能让女人开车,因为那些无神论国家让他们的女人开车。"从根本上来说,这些例子试图证明,某群体在所有方面都坏得无可救药,因此,即使只有一项属性与该群体一样,也会使其成为该群体的一员,从而被赋予与之相关的一切罪恶。

[①] 从另一个角度看,这也使人联想到"起源谬误"。

我的对手主张，应该在教育上投入更多的钱。
你们知道还有谁这么认为吗？这个独裁者！！！

肯定后件

"肯定前件假言推理"是有效的形式论证之一,[①] 表现为以下形式:如果 A 则 C, A 成立,因此 C 成立。更公式化的表达为:$A \Rightarrow C, A \vdash C$。其中,A 被称为前件,C 被称为后件,它们组成两个前提和一个结论。例如:

前提1:如果 A 则 C
如果水在海平面沸腾,则它的温度至少有 100 摄氏度。
水在海平面沸腾,因此水温至少有 100 摄氏度。
前提2:A 成立　　结论:C 成立

这样的论证不仅有效,而且可靠。

而"肯定后件"是形式谬误之一[②],表现为:如果 A 则 C,C 成立,因此 A 成立。其错误在于假设如果后件为真,则前件也必然为真,而实际上并非如此。

例如:"假设上过大学的人是成功的,而约翰是成功的,因此他一定上过大学。"显然,约翰的成功可能是学校教育的结果,也可能是家庭教育的结果,或者源于他对克服困难的渴望。学校教育并非通往成功的唯一途径,因此不能说一个成功的人一定接受过学校教育。

---

① 另一种形式论证是"否定后件假言推理":如果 A 则 C,C 不成立,因此 A 不成立。注意此项论证与诉诸结果谬误不同。
② 另一种形式谬误是"否定前件":如果 A 则 C,A 不成立,因此 C 不成立。

诉诸虚伪

该项谬误的拉丁语名称 tu quoque 广为人知，意思是"你也一样"。这种论证通过指出某人的观点与其行为或以往陈述相矛盾来反驳该观点，也就是说，用指控来回答指控，把注意力从观点本身转移到提出观点的人身上。这一特征使该项谬误成为一种特别的"人身攻击"。很显然，仅仅因为某人的立场前后不一致并不意味着他此刻的立场不正确。

在英国专题节目《新闻问答》的某一集中，一位听众反对一场在伦敦发起的针对大公司贪婪的抗议，他认为抗议者显然很虚伪：他们声称反对资本主义，却继续使用智能手机并购买咖啡。*

另一个例子来自贾森·雷特曼的电影《感谢你抽烟》，犯下"你也一样"谬误的是影片中口若悬河的烟草说客尼克·内勒："我真是被这位来自佛蒙特州的先生逗乐了，他说我是伪君子，可他自己呢，刚在新闻发布会上呼吁削减并烧毁美国的烟草种植地，紧接着就在'农场援助'（Farm Aid）音乐会的舞台上驾着拖拉机哀叹美国农场的没落。"

---

*可到如下网址观看此片段：bookofbadarguments.com/video/hignfy。——作者原注

滑坡谬误

滑坡论证试图证明，接受某命题将无可避免地导致一系列事件，且其中的一个或多个事件是糟糕的，以此来诋毁该命题。* 尽管这一系列事件有可能会发生（每一步变化都有一定概率发生），但该论证假设每一步变化都是无法避免的，却不提供任何证据支持。该项谬误利用了受众的恐惧，并和许多其他谬误相关，如诉诸恐惧和虚假两难。

例如："我们不该允许人们不受约束地上网。因为接下来他们就会经常光顾色情网站，用不了多久，我们整个社会的道德结构就会土崩瓦解，而我们将退化成禽兽。"很明显，这里没有提供任何证据来证明不受限的网络将导致社会道德结构瓦解，只有毫无根据的猜想。此外，这个论证还预先假设了人们在社会中的行为。

---

*这里描述的滑坡谬误属于因果类型。——作者原注

诉诸潮流

该项谬误也被称为"诉诸大众",以许多人(甚至是大多数人)均相信某命题的事实为依据,来证明该命题一定是真的,就犯了这一谬误。该谬误常常阻碍了人们对开创性理念的普遍接受。例如,在伽利略生活的时代,大部分人都相信太阳和行星均围绕着地球旋转,伽利略因支持哥白尼模型而遭到嘲笑,尽管这一模型正确地将太阳置于太阳系的中心位置。还有近一些的例子,巴里·马歇尔医生不得不采用极端手段,自己服用幽门螺杆菌,以说服科学界接受一个此前被广泛无视的理论:幽门螺杆菌可能引发胃溃疡。

广告经常使用这个方法来引诱人们仅仅因为流行而接受某物。例如:"大家都在使用这款发胶,千万别错过!"政客们也会利用类似的花言巧语来为他们的竞选造势,影响选民。

人身攻击*

人身攻击谬误来自拉丁语 ad hominem，意为"针对人"，指通过攻击一个人本身而非其论点来转移话题，最终达到诋毁其论点的目的。例如："你又不是历史学家，干吗不管好你自己领域的事？"某人不是历史学家的事实对其论点的价值没有影响（我们不能说历史学家以外的任何人对该领域的观点就一定是错的），因此它对强化攻击者的立场没有用处。

这种类型的人身攻击被称为"侮辱性人身攻击"。还有一种叫"处境类人身攻击"，即用嘲讽的眼光去攻击论证人，通常是对他们的动机作评判。例如："你又不是真正关心降低城市犯罪率，你只是想要人们投票给你。"即使某人将因他人接受其论点而受益，这也并不意味着他一定是错的。

人身攻击有时也通过"你也一样"的指责来成功转移话题。例如，约翰说："这家伙肯定是错的，因为他没有诚信，只管问问他上一次为什么被解雇。"杰克则说："那你上次私吞分红的事又怎么说？"于是讨论完全偏离了轨道。但即便如此，在某些情形下依然可以正当地质疑一个人的信誉，例如在审判过程中。

---

*右页插图灵感来自几年前 Usenet 上一个过分热情又顽固的程序员。——作者原注

用户 226："你这样人身攻击，更说明你的论证毫无逻辑。"
罗德尼："什么人身攻击，蠢货！你看不懂我就是在骂你吗？"

循环论证

循环论证是乞词魔术的四种类型之一，待证明的结论被含蓄或直白地置入了一个或多个前提中。在循环论证中，结论有时公然地被作为前提使用，但更经常的是，它被改写成了一个似乎不一样的命题。例如："你完全错了，因为你说得没有道理。"这里的两个命题其实是同一个命题，因为"错"和"没有道理"在此语境下是同一个意思。这个论证仅仅是在陈述："因为 X，所以 X"，这是毫无意义的。

循环论证有时以隐含前提为基础，这使得它更难被发现。有人告诉一个无神论者，他应该信上帝，否则他会下地狱。在这里，"下地狱"背后的隐含前提是：存在着一个送他去那儿的上帝。因此，前提"存在着把不信的人送去地狱的上帝"被用来支持结论"上帝是存在的"。正如喜剧演员乔什·托马斯在澳大利亚电视剧《请喜欢我》中告诉佩格的："你不能用地狱威胁一个无神论者，佩格，这不合情理。"

合成谬误与分解谬误

从所有局部都拥有某属性就推断出总体也一定具有该属性,便犯了合成谬误。正如彼得·米利肯所说:羊群里的每只羊都有一个妈妈,但我们不能由此推断出整个羊群有一个妈妈。另一个例子:"该软件系统的每个模块均已通过了一系列单元测试,因此,将模块整合后,该系统不会违反任何已完成单元测试所验证的不变量。"事实上,把单独的部分整合成一个系统后,由于各部分之间的互动,会产生新层次上的复杂性,从而导致新的出错方式。

与之相对,分解谬误是:只因总体拥有某属性,便推断某局部也一定拥有该属性。例如:"我们队所向披靡。因此,我们的任何一名队员都能在单挑中赢过另一队的任何一名球员。"该队作为一个整体时也许真的所向披靡,但那很可能是球员个人技术合作的结果,因此并不能作为每个球员本身均无敌的证据。

"这块蜂蜜超甜!"
"不可能,你分给我的这一份一点儿也不甜。"

后　记

多年以前，我曾听过一位教授用一个精彩的隐喻来介绍演绎论证，他把它们描绘成严密的管道，真理从一端进去，从另一端出来。这便是本书封面的灵感来源。已近尾声，我希望读者合上本书时，不仅更能欣赏严密论证对学习和扩展知识的好处，而且也更能了解归纳论证的复杂性以及概率在其中起到的作用。尤其是在归纳论证中，批判性思维被证明是一项必不可少的工具。最重要的是，我希望你们更能意识到错误论证的危害，以及它们在日常生活中是多么常见。

结尾应该用来感谢那些我曾高兴地和他们一起见证这个工程从萌芽阶段成长至起飞的人：感谢每个花时间发来评论和批评的人（毫无疑问，这些反馈意见对本书的优化改进大有益处）；感谢网络版的七十万读者，以及以捐赠或者购买初版来支持这项工程的读者们；感谢好心出售初版的书店，尽管初版有诸多缺陷；尤其要感谢那些把网络版翻译成他们母语的志愿者们。这是一次奇妙的旅程，而我相信，未来还将有更多这样的旅程。①

---

① 本书依据英文第二版译出。——编者注

定 义

论证（ARGUMENT）：一组命题集合，其目的是以推理说服他人。其中，被称为"前提"的一个命题子集为某个被称为"结论"的命题提供支持。

命题（proposition）：一个陈述，或真或假，但不能亦真亦假。例如："波士顿是马萨诸塞州面积最大的城市。"

前提（premiss）：为一项论证的结论提供支持的命题。一项论证可能有一个或多个前提。也可称为"假设"（premise）。

可证伪（falsifiable）：如果通过观察或实验，可以反驳或反证一个命题或论证，则称该命题或该论证具有可证伪性。例如，命题"所有叶子都是绿的"可以通过指出一片不绿的叶子而被证伪。可证伪性是一个论证有力的表现，而不是它无力的表现。

逻辑谬误（LOGICAL FALLACY）：从一个命题推衍至下一个命题的过程中发生的

错误，最终导致错误的论证。逻辑谬误违背了一个或多个成为正确论证的原则，例如：良好的结构、连贯性、清晰性、有序性、相关性，以及完整性。但要注意，在某项论证中找到谬误，并不意味着其结论必定是假的。结论可以是真的，但需要更好的推理来支持它。

形式谬误（formal fallacy）：因结构缺陷而导致论证不合逻辑的错误。仅仅分析论证的形式就能发现这种谬误，而不需要分析其内容。（参见本书第 32 页的"肯定后件"。）

非形式谬误（informal fallacy）：因内容和语境（而非形式）导致论证不合逻辑的错误。要成为一项非形式谬误，它应该是生活中常见的错误。（本书中的绝大部分谬误都是非形式谬误。）

演绎论证（DEDUCTIVE ARGUMENT）：一个论证，若其前提为真，则其结论必定为真。结论是根据前提并依照逻辑必然性得出的。例如："人皆有一死；苏格拉底是人；因此，苏格拉底终有一死。"一个演绎论证一般会被预期为"有效"，但事实当然未必如此。

有效（valid）：若其结论确实是根据其前提并依照逻辑得出的，则该演绎论证被认为是有效的。否则即是无效的。"有效"和"无效"的描述仅适用于论证而非命题。

可靠（sound）：若论证有效，且其前提为真，则该演绎论证被认为是可靠的。若有任一条件不满足，则该论证不可靠。对真伪的判断是基于其前提和结论是否与真实世界的事实一致而确定的。

归纳论证（INDUCTIVE ARGUMENT）：一个论证，若其前提为真，则其结论可能为真。* 结论是根据前提并依照概率（而非逻辑必然性）得出的。例如："每次我测量真空中的光速，它都是 3×10^8 m/s。因此，真空中的光速是一个普适常数。"归纳论证经常由特殊情况推及一般。

强（strong）：若其前提为真，其结论非常有可能为真时，便称该归纳论证为强论证。相反地，当其结论不太可能为真，那便称为弱论证。由于依赖于概率，归纳论证无法确保真实性；前提为真绝不代表结论必定为真。

---

* 在科学上，从数据发展成法则再发展成理论，通常都使用归纳论证，因此，归纳是许多科学的基础。归纳通常意味着，要么只在样本上测试命题（因为更广泛的测试无法实现），要么仅仅使用推理（因为根本不可能测试）。——作者原注

可信（cogent）：若为强论证，且其前提为真（也就是说，和事实一致），则该归纳论证被认为是可信的。否则即为不可信。

参考文献

Aristotle. *On Sophistical Refutations*. Trans. W. A. Pickard-Cambridge. http://classics.mit.edu/Aristotle/sophist_refut.html.

Avicenna. *Avicenna's Treatise on Logic*. Trans. and ed. Farhang Zabeeh. The Hauge: Nijhoff, 1971.

Carroll, Lewis. *Alice's Adventures in Wonderland*. www.gutenberg.org/files/11/11-h/11-h.htm.

Curtis, Gary N. Fallacy Files. http://fallacyfiles.org.

Damer, T. Edward. *Attacking Faulty Reasoning: A Practical Guide to Fallacy-Free Arguments*. 6th ed. Belmont, CA: Wadsworth Cengage Learning, 2009.

Engel, S. Morris. *With Good Reason: An Introduction to Informal Fallacies*. Boston: Bedford/St. Martin's, 1999.

Farmelo, Graham. *The Strangest Man: The Hidden Life of Paul Dirac, Mystic of the Atom*. New York: Basic Books, 2011.

Fieser, James. Internet Encyclopedia of Philosophy. www.iep.utm.edu.

Firestein, Stuart. *Ignorance: How It Drives Science*. Oxford: Oxford Univ. Press, 2012.

Fischer, David Hackett. *Historians' Fallacies: Toward a Logic of Historical Thought.* New York: Harper & Row, 1970.

Flew, Antony. *Thinking about Thinking.* Glasgow: Fontana/Collins, 1975.

Gula, Robert J. *Nonsense: A Handbook of Logical Fallacies.* Mount Jackson, VA: Axios Press, 2002.

Hamblin, Charles. *Fallacies.* London: Methuen, 1970.

King, Stephen. *On Writing: A Memoir of the Craft.* New York: Scribner, 2000.

Minsky, Marvin. *The Society of Mind.* New York: Simon & Schuster, 1988.

Pólya, George. *How to Solve It: A New Aspect of Mathematical Method.* Princeton: Princeton Univ. Press, 2004.

Pritchard, Charlotte. "Does Chocolate Make You Clever?" *BBC News Magazine.* November 19, 2012. http://bbc.co.uk/news/magazine-20356613.

Russell, Bertrand. *The Problems of Philosophy.* London: Williams & Norgate, 1912. http://ditext.com/russell/russell.html.

Sagan, Carl. *The Demon-Haunted World: Science as a Candle in the Dark.* New York: Random House, 1995.

Simanek, Donald E. Uses and Misuses of Logic. http://lhup.edu/~dsimanek/philosop/logic.htm.

Smith, Peter. *An Introduction to Formal Logic.* Cambridge: Cambridge Univ. Press, 2003.

图书在版编目（CIP）数据

神逻辑 /（美）阿里·阿莫萨维著；（哥伦）亚历杭德罗·希拉尔多绘；黄宁云译. -- 北京：北京联合出版公司, 2021.1 (2025.9 重印)

ISBN 978-7-5596-4253-0

Ⅰ.①神… Ⅱ.①阿… ②亚… ③黄… Ⅲ.①逻辑学－通俗读物 Ⅳ.① B81-49

中国版本图书馆 CIP 数据核字 (2020) 第 084268 号

北京市版权局著作权合同登记 图字:01-2020-6889

An Illustrated Book of Bad Arguments (second edition)
Creative Commons © 2013 Ali Almossawi
All material new to this edition copyright © 2014 Ali Almossawi
Originally published in the U.S. in 2014 by The Experiment, LLC.
This edition published by arrangement with The Experiment, LLC.
All rights reserved.

神逻辑

作　者：[美] 阿里·阿莫萨维　著
　　　　[哥伦比亚] 亚历杭德罗·希拉尔多　绘
译　者：黄宁云
出 品 人：赵红仕
责任编辑：徐　樟
特邀编辑：张梦君　杨　初
营销编辑：杨　茜
封面设计：韩　笑
内文排版：王春雪

北京联合出版公司出版
(北京市西城区德外大街 83 号楼 9 层　100088)
新经典发行有限公司发行
电话(010)68423599　　邮箱 editor@readinglife.com
北京富诚彩色印刷有限公司印刷　新华书店经销
字数30千字　889毫米×1194毫米　1/24　2⅔印张
2021年1月第1版　2025年9月第11次印刷
ISBN 978-7-5596-4253-0
定价：59.00元

版权所有，侵权必究
未经书面许可，不得以任何方式转载、复制、翻印本书部分或全部内容。
本书若有质量问题，请与本公司图书销售中心联系调换。电话：010-68423599